Katrin Reuter

# Biodiversität

*»Das größte Wunder unseres Planeten ist die ungeheure Vielfalt der Lebensformen.«*

*(E. O. Wilson)*

# Inhaltsverzeichnis

# Wo begegnet uns Biodiversität?

Sobald wir mit Lebewesen in Berührung kommen, sobald wir essen, sobald wir wandern gehen, haben wir es mit Biodiversität zu tun. Wenn wir uns in der Natur aufhalten, begegnen uns Lebewesen; wenn wir essen, handelt es sich um Pflanzen oder Tiere (die sich wiederum von Pflanzen oder Tieren ernähren). Auch viele pharmazeutische Produkte und Mittel gegen Krankheiten basieren auf (Heil-)Pflanzen. Indirekt begegnet uns Biodiversität auch, wenn wir atmen, da Pflanzen, insbesondere Bäume, essentiell sind für das natürliche Filtern von Schadstoffen aus der Luft.

Vor einigen Jahren wurde das Thema Biodiversität durch das Sterben von Bienen und anderen bestäubenden Insekten

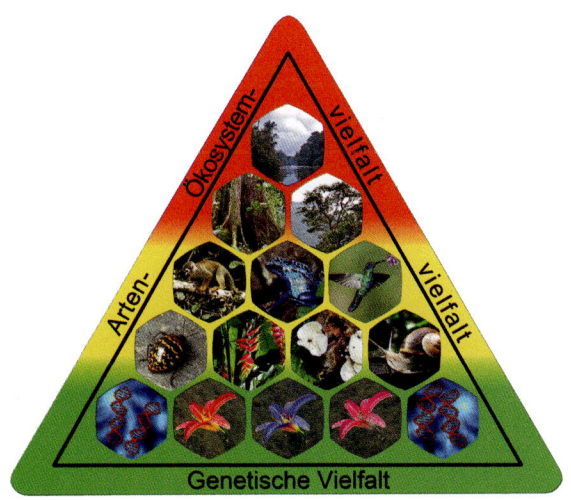

*Wikipedia / Fährtenleser*

Die drei (wesentlichen) Ebenen der Biodiversität (Beispiel: Tropischer Regenwald Ecuadors)

medial präsent, da ohne Bestäuber auch wichtige Nahrungs-grundlagen des Menschen bedroht sind – mehr als 75 % der weltweiten Nahrungspflanzenarten sind auf die Bestäubung durch Tiere angewiesen. Zumindest im Bereich Bestäuber und Insekten hat seitdem eine Sensibilisierung stattgefunden. Im Baumarkt gibt es insektenfreundliche Pflanzenmischungen zu kaufen, in Städten und Gemeinden werden »Bienenwei-den« angelegt, also Blumenwiesen mit pollenreichen Pflan-zen und damit einem reichen Nahrungsangebot für Bestäuber, und auch immer mehr Menschen und Unternehmen haben eigene Bienenstöcke im Garten oder auf dem Dach. Biodiver-sität scheint also allgegenwärtig. Doch was genau ist mit »Bio-diversität« eigentlich gemeint?

# Was ist Biodiversität?

Der Begriff »Biodiversität« oder auch »biologische Vielfalt« wird in der Biologie verwendet.

In seinem Ursprung ist der Begriff jedoch ein politischer Begriff, ein Kunstwort, das 1986 in Washington als Titel einer Konferenz, dem »National Forum on BioDiversity«, erfunden und im Nachgang als Titel des zugehörigen Tagungsbandes verwendet wurde. Ziel dieser »Erfindung« war es, durch den Schlagwortcharakter des Wortes das öffentliche Bewusstsein für die Bedrohung der Natur zu steigern.

Dieses Vorhaben war durchaus erfolgreich, an der Konferenz nahmen Menschen aus unterschiedlichen Wissenschaftsgebieten wie der Biologie, der Philosophie, der Landwirtschaft teil. Aber auch NGOs (Nichtregierungsorganisationen) und Personen aus der Wirtschaft waren dabei. Es handelte sich also um eine Konferenz, in der die Frage des Schutzes der Natur über die Wissenschaft der Biologie hinausgetragen breit diskutiert wurde.

Nach und nach fand der Begriff Einzug in politische Prozesse und Abkommen. Insofern ist es als Erfolg der Schöpfer des Begriffs zu werten, dass die heute bekannteste und am weitesten verbreitete Definition von Biodiversität die Definition des Übereinkommens über die biologische Vielfalt (Convention on biological diversity, CBD) ist. Es ist die Definition der CBD, die sich in Biologiebüchern findet und die in der Wissenschaft verwendet wird. Insofern kann der Begriff als wissenschaftsbasierte Ko-Kreation aus den gesellschaftlichen Sphären des Naturschutzes, der Wissenschaft und der Politik verstanden werden.

Die CBD wurde 1992 auf der Rio-Konferenz beschlossen, derselben Konferenz, auf der auch die Klimarahmenkonvention als wichtigstes Grundlagendokument für weltweiten

Klimaschutz beschlossen wurde. Biodiversität wird in der CBD definiert als die Variabilität unter lebenden Organismen jeglicher Herkunft, einschließlich u. a. terrestrischer, mariner und anderer aquatischer Ökosysteme und der ökologischen Komplexe, zu denen sie gehören; dies umfasst die Vielfalt innerhalb von Arten, zwischen Arten und von Ökosystemen (CBD Art. 2).

Biodiversität ist damit ein sehr umfassendes Konzept. Über seine beschreibende Funktion dieser unterschiedlichen biologischen Phänomene hinaus hat der Begriff zudem auch eine normative Funktion, d. h. er hat eine wertende Komponente, da er immer auch gleichzeitig auf den Schutz dieser biologischen Phänomene zielt. Diese normative Funktion zeigt sich sowohl an seiner Begriffsgeschichte mit ihrem klaren Ursprung in Naturschutzanliegen als auch in den Zielen der CBD, welche sich a) auf die Erhaltung der Biodiversität, b) ihre nachhaltige Nutzung und c) die gerechte Verteilung der Vorteile, die sich aus der Nutzung der genetischen Ressourcen ergeben, bezieht.

*Wikipedia/ UN Biodiversity – 22dec07-COP15-COP-opening-3185*

COP15-Treffen in Kanada 2022.

# Warum ist Biodiversität wichtig?

Biodiversität ist unverzichtbar für menschliches Wohlergehen – sei es in Form von Nahrung, Medizin, als Grundlage für Erholung oder die natürliche Reinigung der Luft. Aber es geht noch viel weiter: Biodiversität stellt auch die Grundlage für natürliche Nährstoffkreisläufe, Bodenbildung, Fasern zur Herstellung von Kleidung oder auch bestimmte Baumaterialien dar.

Im Jahr 2005 wurde durch das »Millenium Ecosystem Assessment« (MEA) der Begriff der Ökosystemleistungen (ecosystem services) geprägt. Ökosystemleistungen werden hier definiert, als »Nutzen, den der Mensch aus Ökosystemen zieht«. Unterteilt werden diese Ökosystemleistungen in vier Gruppen:

- Basisleistungen wie z. B. Nährstoffkreislauf, Bodenbildung und Primärproduktion;
- Versorgungsleistungen wie z. B. Nahrung, Trinkwasser, Holz und Fasern;
- Regulierungsleistungen wie z. B. Klimaregulierung, Hochwasserregulierung, Krankheitenregulierung, Wasserreinigung;
- Kulturelle Leistungen wie z. B. Ästhetik, Spiritualität, Bildung und Erholung.

Für all diese Ökosystemleistungen bildet Biodiversität die Basis und ist somit die wesentliche Grundlage für menschliches Wohlergehen.

Menschliches Wohlergehen wird hier sehr weit gefasst und beinhaltet z. B. eine bestimmte materielle Grundversorgung oder auch Gesundheit. Zentral an dieser Idee ist, dass der Mensch ein Lebewesen ist und entsprechend auf bestimmte »Leistungen der Natur« angewiesen ist, um selbst leben zu können. Man könnte auch sagen: Der Mensch ist Teil der Natur

*UFZ / Naturkapital Deutschland – Der Wert der Natur für Wirtschaft und Gesellschaft / Abb. übersetzt und verändert nach MEA 2005, BfN 2012.*

Das Millennium Ecosystem Assessment (MEA 2005) hat ein Konzept zur Klassifizierung der weltweiten Ökosystemleistungen sowie ihrer Bedeutung für das Wohlergehen des Menschen erarbeitet. Demnach bilden Ökosystemleistungen die Grundlage für Sicherheit, materielle Grundversorgung, Gesundheit, soziale Interaktion und Handlungsfreiheit (übersetzt und verändert nach MEA 2005, BfN 2012).

und als solcher darauf angewiesen, dass seine natürlichen Lebensbedingungen in einer bestimmten Quantität und Qualität erhalten bleiben.

Ein weiteres wichtiges Konzept im Zusammenhang mit Biodiversität ist das der planetaren Grenzen bzw. der planetaren Belastungsgrenzen (planetary boundaries), das im Jahr 2009 zu größerer Bekanntheit in Wissenschaft und Gesellschaft gelangte (siehe S. 12). Die Idee der planetaren Grenzen bezeichnet den sicheren Handlungsraum innerhalb dessen die Lebensbedingungen des Menschen nicht gefährdet sind. Es handelt sich um eine naturwissenschaftlich basierte Analyse der biophysischen und biochemischen Systeme und Prozesse der Erde. Insgesamt wurden neun Grenzen identifiziert, wobei die Grenzen Komponenten des Erdsystems repräsentieren, die für die menschlichen Lebensbedingungen relevant sind und durch menschliche Aktivitäten beeinflusst werden. Seit 2009 wurde das Konzept fortwährend weiterentwickelt und mittlerweile sind alle Grenzen quantifiziert.

Sechs der planetaren Grenzen wurden bereits überschritten, d. h. die entsprechenden Bedingungen befinden sich außerhalb dessen, was als sicherer Handlungsrahmen definiert wird. Die Grenzen selbst markieren in dem Konzept keine harten Kipppunkte, sondern sind so konzipiert, dass die verfügbaren wissenschaftlichen Erkenntnisse darauf hindeuten, dass eine Überschreitung der jeweiligen Grenze über die vielfältigen Interaktionen der unterschiedlichen Bereiche zu einem systemischen planetaren Wandel führen kann.

Eine der identifizierten und bereits überschrittenen planetaren Grenzen ist »biosphärische Integrität«. Der Begriff der Biosphäre bezeichnet dabei die Gesamtheit aller lebenden Organismen und Ökosysteme der Erde und ist damit eng verwandt mit dem Begriff der Biodiversität, der auf die Vielfalt der Arten und Ökosysteme sowie genetische Vielfalt zielt. Im Konzept der biosphärischen Integrität wird genetische Vielfalt als Kernkomponente betrachtet, da sie sich über die verschiedenen erdgeschichtlichen Phasen hinweg entwickelt hat und eine zentrale Rolle spielt bei der Regulierung der Funktionen des Erdsystems, die wiederum die Lebensgrundlagen für den Menschen darstellen.

Der Begriff der »Integrität« meint dabei nicht, dass keine Veränderungen stattfinden dürfen; die Veränderungen der Biosphäre müssen sich jedoch in einem bestimmten Rahmen bewegen, damit Anpassungen über die Zeit überhaupt möglich sind. Biodiversität stellt mithin die Grundlage für biosphärische Integrität dar. Nur durch die Vielfalt an Arten, Genen und Ökosystemen ist es möglich, dass bestimmte Funktionen erfüllt werden können oder, in der Terminologie des Millenium Ecosystem Assessment, bestimmte »Leistungen der Natur« erbracht werden können.

# 2009

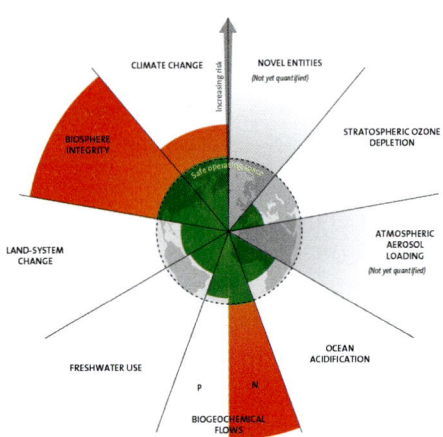

7 boundaries assessed,
3 crossed

# 2015

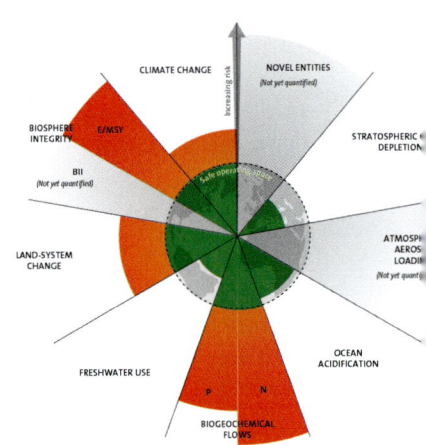

7 boundaries assessed,
4 crossed

# 2023

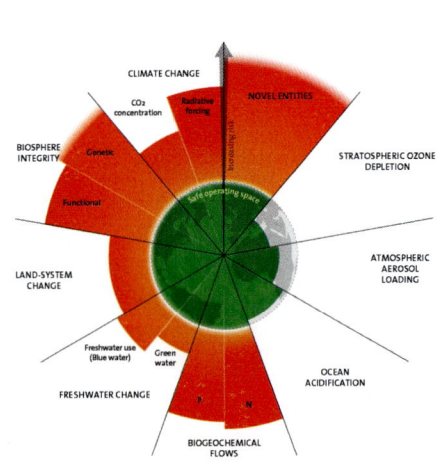

9 boundaries assessed,
6 crossed

*Azote for Stockholm Resilience Centre, Stockholm University. Based on Richardson et al. 2023, Steffen et al. 2015, and Rockström et al. 2009. CC BY-NC-ND 3.0*

Die Entwicklung der Quantifizierung der planetarischen Grenzen.

# Wie stark geht Biodiversität verloren?

Biodiversität geht verloren, diese Tatsache ist wissenschaftlich unbestritten. In welchem Maß sie genau verloren geht, lässt sich jedoch nicht exakt messen. Dies liegt unter anderem daran, dass unbekannt ist, wie viele Arten überhaupt existieren. Einige Schätzungen gehen von zehn bis 20 Millionen Tier- und Pflanzenarten aus, andere von drei bis 100 Millionen. Schon diese enorme Spannweite zeigt, wie wenig wir über die biologische Vielfalt des Planeten wissen. Ohne jedoch zu wissen, wie viele Arten es überhaupt gibt, lässt sich kaum sagen, wie hoch der prozentuale Anteil ist, der in einem bestimmten Zeitraum verloren geht und bereits verloren gegangen ist.

Darüber hinaus lässt sich auch der Rückgang an biologischer Vielfalt schwer messen, da sich das Aussterben von Arten nur in seltenen Fällen direkt beobachten lässt. Zum einen ist es unmöglich, alle bekannten Arten kontinuierlich zu beobachten (und auch damit hätte man die biologische Vielfalt nicht in ihrer Gesamtheit und Komplexität erfasst, da es sich ja nur um die bekannten Arten handeln würde). Zum anderen ist häufig nicht klar, ob eine Art tatsächlich ausgestorben ist, wenn sie nicht mehr nachgewiesen werden kann. Gerade bei kleineren Tier- und Pflanzenarten kommt es häufig zu »Wiederentdeckungen«. Deshalb gelten Arten, die nicht mehr beobachtet werden können, zunächst als »vermisst«. Wir wissen also weder genau, wie groß das Ganze – die globale Biodiversität – ist, noch können wir genau messen, wie die Teile von ihr – zum Beispiel Arten – schwinden.

Um dennoch Aussagen treffen zu können, wie sich die biologische Vielfalt entwickelt, wurden verschiedene Instrumente entwickelt. Die beiden bekanntesten sind die »Roten Listen« der Naturschutzorganisation IUCN (International Union for

Conservation of Nature) und der Living Planet Index (LPI) der Naturschutzorganisation WWF (World Wide Fund For Nature). Die Roten Listen kategorisieren verschiedene Tier- und Pflanzenarten nach ihrem jeweils individuellen Risiko auszusterben. Demgegenüber fasst der LPI Veränderungen von Populationsgrößen von verschiedenen Wirbeltierarten zu einer durchschnittlichen Veränderungsrate über alle Arten hinweg zusammen. Beide Instrumente betrachten also einen Ausschnitt der biologischen Vielfalt. Aus diesem Ausschnitt lassen sich Trends der Entwicklung der biologischen Vielfalt insgesamt ableiten. Der LPI gibt eine einzelne Zahl an, die einen Trend für die Entwicklung der biologischen Vielfalt anzeigt, während die Roten Listen in ihrer Gesamtheit betrachtet werden müssen, um einen Trend abzuleiten.

Der LPI 2022 zeigt einen durchschnittlichen Rückgang von 69 % der überwachten Wirbeltierpopulationen zwischen 1970 und 2018 an. In den Roten Listen nimmt die Zahl der Tier- und Pflanzenarten, die als gefährdet, stark gefährdet oder vom Aussterben bedroht eingestuft werden über die verschiedenen betrachteten Gruppen stetig zu.

In einer aufwändig angelegten Zusammenfassung des aktuellen globalen wissenschaftlichen Untersuchungsstandes zum Rückgang der Biodiversität im Jahr 2019 wurde nachgewiesen, dass das Artensterben heute mindestens zehn- bis einhundertmal höher als im Durchschnitt der letzten zehn Millionen Jahre ist. Auch diese Spanne ist keineswegs genau. Was wir aber mit Sicherheit wissen ist, dass Arten nicht nur verloren gehen, sondern auch, dass dies deutlich schneller passiert als es in den letzten zehn Millionen Jahren passiert ist – deutlich schneller also als die »natürliche Aussterberate« im Rahmen evolutionärer Prozesse.

Auch wenn Biodiversität also schwer zu messen ist und der Begriff weit mehr umfasst als Artenvielfalt, steht dennoch fest, dass die biologische Vielfalt in den letzten Jahrzehnten dramatisch abgenommen hat und weiter abnimmt.

# Warum geht Biodiversität verloren?

Die Gründe für den Rückgang der Biodiversität sind unterschiedlich, es wird zwischen direkten und indirekten Treibern unterschieden. Die fünf wichtigsten direkten Treiber sind 1) Veränderungen der Land- und Meeresnutzung, 2) direkte Ausbeutung von Organismen, 3) Klimawandel, 4) Umweltverschmutzung und 5) invasive gebietsfremde Arten. Diesen direkten Treibern liegen indirekte Treiber, also indirekte Gründe, warum Biodiversität verlorengeht zugrunde. Zu diesen indirekten Treibern gehören Produktions- und Konsummuster, die wiederum in menschlichen Werten und Verhaltensweisen begründet sind.

Als Haupttreiber des globalen Verlustes der biologischen Vielfalt gilt die Ausweitung der landwirtschaftlichen Nutzfläche seit 1970. Mehr als ein Drittel der globalen Landfläche werden heute für Ackerbau und Viehzucht genutzt, in Europa sind es ca. 40 % in Deutschland sind es ca. 50 %. Um die landwirtschaftliche Nutzfläche auszuweiten, wurden Wälder abgeholzt, Moore trockengelegt, Feuchtgebiete und Graslandschaften umgewandelt.

Der zweitwichtigste Treiber, die direkte Ausbeutung von Organismen, umfasst die Nutzung und insbesondere Übernutzung von Tier- und Pflanzenarten durch Ernte, Abholzung, Jagd und Fischerei. Insbesondere wenn Bestände von Tier- und Pflanzenarten über ihre natürliche Regenerationsrate hinaus genutzt werden, wenn also mehr geerntet oder gefischt wird als nachwächst, geht Biodiversität verloren. Zum einen nimmt die Anzahl der Individuen über die Zeit ab, was bedeutet, dass sich die genetische Vielfalt der Art verringert, und wenn dieser Prozess lange anhält oder sehr intensiv ist, stirbt die Art aus. Zum anderen trägt eine Übernutzung von Arten häufig zu

Felder bei Ampleben in Niedersachsen

Veränderungen des Ökosystems bei, die sich ebenfalls negativ auf das Ökosystem und die in ihm vorkommenden Arten auswirken können.

Klimawandel bzw. Erderhitzung und Verlust der biologischen Vielfalt verstärken sich gegenseitig. Die genannten Landnutzungsänderungen führen auch dazu, dass weniger $CO_2$ gebunden wird und die Erde sich dadurch weiter erhitzt. Diese Erhitzung hat wiederum Einfluss auf die biologische Vielfalt, beispielsweise auf die Verbreitung von Arten oder auf die Struktur und Funktionen von Ökosystemen. Einige Arten bewegen sich in andere Gebiete, in denen sie vorher nicht heimisch waren, viele Arten werden jedoch in ihrer Existenz von der Erderhitzung bedroht, da sie sich nicht schnell genug anpassen können. Wie stark sich Erderhitzung und Verlust der biologischen Vielfalt beeinflussen, lässt sich kaum beurteilen, es wird jedoch davon ausgegangen, dass sich die negativen Auswirkungen gegenseitig verstärken.

Die Intensität von Umweltverschmutzung in Form von Luft-, Wasser- und Bodenverschmutzung ist weltweit sehr unterschiedlich und auch die Trends sind hier sehr unterschiedlich, in einigen Gebieten gab es in den letzten Jahrzehnten Verbesserungen, in anderen Verschlechterungen. Vor allem die Verschmutzung der Meere mit Plastik hat in den letzten Jahrzehnten jedoch deutlich zugenommen und hat Auswirkungen auf die gesamte Nahrungskette bis hin zum Menschen. Einträge von Abfällen, Giftstoffen oder Mitteln, die in der Landwirtschaft verwendet werden, haben häufig negativen Einfluss auf Süßwasserökosysteme (und mittelbar Meeresökosysteme, da Flüsse meist in Meeren münden) und die in ihnen vorkommenden Arten.

Als »biologische Invasion« wird ein Prozess bezeichnet, bei dem Arten über ihr natürliches Verbreitungsgebiet hinaus durch menschliche Aktivität verbreitet werden und sich in diesen neuen Gebieten etablieren und ausbreiten. Dieser Prozess kann beabsichtigt oder unbeabsichtigt geschehen. Insbesondere wenn dies unbeabsichtigt und somit unkontrolliert passiert, können damit negative Auswirkungen auf Ökosysteme einhergehen. So können invasive gebietsfremde Arten beispielsweise Krankheiten übertragen, gegen die lokale Arten keine Abwehrmechanismen haben. Sie können auch Ökosysteme verändern, indem sie andere Tier- und Pflanzenarten für ihre Ernährung nutzen, diese sich aber nicht oder nicht schnell genug regenerieren können. Ökosysteme können aus dem Gleichgewicht geraten, wenn plötzlich Arten in ihnen auftauchen, die keine natürlichen Fressfeinde haben und es somit keine natürlichen Prozesse gibt, die die Ausbreitung dieser Arten einschränken. Auch für die Landwirtschaft und die globale Nahrungsmittelproduktion stellen invasive gebietsfremde Arten eine Bedrohung dar, da sie ganze Ernten vernichten oder wichtige Insekten verdrängen können.

All diese direkten Treiber des Verlustes der biologischen Vielfalt lassen sich auf menschliche Aktivitäten zurückführen. So hat beispielsweise die Ausweitung der landwirtschaftlichen

Nutzfläche mit menschlichen Ernährungsgewohnheiten zu tun. Ein sehr großer Teil der Ernte landwirtschaftlicher Feldfrüchte wird für die Tierfütterung verwendet. Das bedeutet, dass diese Feldfrüchte nicht mehr für die menschliche Ernährung zur Verfügung stehen. Zwar stehen die Tiere, die mit diesen Pflanzen gefüttert werden, für die menschliche Ernährung zur Verfügung. Diese Art der Ressourcennutzung ist jedoch aufgrund der Umwandlungsverluste von pflanzlichen in tierische Kalorien höchst ineffizient. Die Umwandlungsverluste hängen zwar sowohl vom Futter als auch vom Tier ab, ein Richtwert, der sich in der Literatur sehr häufig findet, ist jedoch, dass für die Erzeugung einer tierischen Kalorie zehn pflanzliche Kalorien notwendig sind. Damit beträgt der Umwandlungsverlust ganze 90 %. Entsprechend wird deutlich mehr landwirtschaftliche Fläche für die Erzeugung tierischer statt pflanzlicher Lebensmittel benötigt. Darüber hinaus trägt die Viehzucht durch die Emissionen, die durch die Erzeugung und Verarbeitung tierischer Produkte entstehen, erheblich zur Erderhitzung bei.

Beispiele für die direkte Ausbeutung von Organismen, also die Nutzung und Übernutzung von Tier- und Pflanzenarten, sind Überfischung, Wilderei, d. h. das illegale Jagen und Fangen von Wildtieren, aber auch die Übernutzung von Böden durch bestimmte Arten der landwirtschaftlichen Nutzung, die die Bodenbiodiversität negativ beeinflussen und die Böden damit langfristig weniger fruchtbar machen. Die Ursachen der Übernutzung unterscheiden sich regional sehr stark, in einigen Weltregionen dient die Nutzung der direkten Ernährung und Befriedigung der Grundbedürfnisse von Menschen, in anderen Weltregionen eher ökonomischen Interessen mit dem Ziel maximaler Erträge, um Produkte am Weltmarkt verkaufen zu können.

Auch Umweltverschmutzung wird durch menschliche Produktions- und Konsummuster sowie Verhaltensweisen verursacht. Eines der sichtbarsten Zeichen der Umweltverschmutzung ist die Plastikverschmutzung der Meere, die in den letzten Jahren zunehmend Aufmerksamkeit bekommen hat. Bei

Kunststoffbelastung der Nordsee. Magenanalyse bei Eissturmvögeln.

Plastikverschmutzung handelt es sich sowohl um sichtbare Plastikabfälle wie beispielsweise Kunststoffflaschen als auch um Mikroplastik, d. h. winzige Plastikteilchen, die für das menschliche Auge unsichtbar sind. Viele Meerestiere und Vögel verwechseln größere Plastikteile mit Nahrung, fressen sie und verenden oft qualvoll daran. Demgegenüber reichert sich Mikroplastik in der Nahrungskette an, da es von Plankton oder kleineren Fischen mit der Nahrung aufgenommen wird. Mikroplastik wird im Organismus von Lebewesen nicht abgebaut, d. h. wenn größere Fische kleinere Fische fressen oder Menschen diese Fische essen, sammeln sich die Mikroplastikpartikel jeweils auf der nächsthöheren Ebene der Nahrungskette. Mikroplastik wurde bereits in Luft, Wasser, Boden, vielen verschiedenen Arten von Lebewesen sowie auch im menschlichen Darm nachgewiesen.

Auch die Einführung invasiver gebietsfremder Arten ist meist ein Nebeneffekt menschlicher Aktivitäten. Die Hauptursachen sind globaler Handel und Verkehr bzw. die Bewegung von Gütern und Menschen durch den globalen Handel, Reisen und Tourismus. Gebietsfremde Arten werden oft ungewollt über importierte Waren, insbesondere Waren der Landwirtschaft, Schiffscontainer oder das Ballastwasser von Schiffen (Wasser, das von Schiffen in speziellen Tanks aufgenommen wird, um während einer Fahrt mit wenig Ladung die Stabilität des Schiffes sicherzustellen und das an anderen Orten wieder abgelassen wird) in Gebiete eingeführt, in denen sie vorher nicht vorkamen.

All diese Treiber tragen jeder für sich und in ihrer Gesamtheit zum Verlust der biologischen Vielfalt des Planeten bei und sie verstärken sich teilweise gegenseitig. Da dem jedoch menschliche Verhaltensweisen und diesen wiederum bestimmte Wertvorstellungen zugrunde liegen, kann man dem Verlust der Biodiversität durchaus entgegenwirken.

# Was wird unternommen, um Biodiversität zu schützen?

So vielfältig wie die Ursachen des Verlustes der Biodiversität sind, so vielfältig sind die Ansatzpunkte und Möglichkeiten sie zu schützen. Dies gilt sowohl auf politischer Ebene als auch auf individueller Ebene, also den persönlichen Verhaltensweisen.

Das wichtigste politische Dokument für den Schutz der Biodiversität wurde bereits genannt: Das Übereinkommen über die biologische Vielfalt (Convention on biological diversity, CBD), das 1992 von der internationalen Staatengemeinschaft beschlossen wurde und derzeit 196 Mitgliedsstaaten hat. Es handelt sich um ein völkerrechtliches Dokument, mit dem sich Mitgliedsstaaten zu den Zielen des Dokumentes bekannt und zur Umsetzung entsprechender Maßnahmen verpflichtet haben. Mit der CBD haben sich die Mitgliedsstaaten unter anderem verpflichtet, nationale Strategien zu erarbeiten, um die Biodiversität auf ihrem Staatsgebiet zu schützen. In Deutschland gibt es zum Beispiel seit 2007 die nationale Strategie zur biologischen Vielfalt. Auch auf europäischer Ebene gibt es eine Biodiversitätsstrategie. Alle zwei Jahre finden auf internationaler Ebene Vertragsstaatenkonferenzen der CBD statt, um Fortschritte zu prüfen sowie neue Ziele, Strategien und Maßnahmen zu beschließen.

Ein weiterer sehr wichtiger Meilenstein zum Schutz der Biodiversität war die Gründung des Weltbiodiversitätsrates IPBES (Intergovernmental Science-Policy Platform on Biodiversity and Ecosystem Services) im Jahr 2012 durch 94 Regierungen. Seit seiner Gründung ist IPBES kontinuierlich gewachsen und sozusagen die »Schwesterorganisation« des bekannteren Weltklimarates IPCC (Intergovernmental Panel on Climate Change). Beides sind Gremien, die von der internationalen Staatengemeinschaft als Schnittstelle zwischen Wissenschaft und Politik geschaffen wurden. Ziel beider Gremien ist es, durch die Bündelung wissenschaftlichen Wissens und dessen Aufbereitung, politische Entscheidungen zum Schutz des Klimas (IPCC) und der Biodiversität (IPBES) zu unterstützen. IPBES hat einen Fokus auf Biodiversität und Ökosystemleistungen und erkennt damit bereits im Namen die essentielle Bedeutung von Biodiversität als Grundlage von Ökosystemleistungen an. Seit der Gründung von IPBES wurde eine Vielzahl an Sachstandsberichten (so genannte Assessments) zu unterschiedlichen Themen erstellt. Die verschiedenen Sachstandsberichte umfassen sowohl Berichte zum Zustand der Biodiversität auf globaler Ebene und in verschiedenen globalen Regionen als auch auch spezifische thematische Berichte zum Beispiel zu den Themen Bestäuber oder invasive gebietsfremde Arten.

Neben diesen wichtigen internationalen Prozessen gibt es zahlreiche weitere Aktivitäten zum Schutz der biologischen Vielfalt auf ganz unterschiedlichen politischen Ebenen und in verschiedenen gesellschaftlichen Bereichen. Neben der nationalen Strategie zur biologischen Vielfalt haben in Deutschland z. B. fast alle Bundesländer und sehr viele Kommunen Biodiversitätsstrategien. Auch zahlreiche kommunale Verwaltungen und selbstverständlich die Naturschutzorganisationen sind ganz praktisch aktiv, wenn es darum geht, Arten zu schützen, Habitate wie zum Beispiel Blühwiesen zu schaffen oder über die Bedeutung der biologischen Vielfalt aufzuklären. Die Forschung zum Thema biologische Vielfalt und den verschiedenen Abhängigkeiten der Treiber ihres Verlustes nimmt stetig zu, immer mehr Unternehmen erkennen die Bedeutung der biologischen Vielfalt für ihre eigenen Lieferketten, aber auch für die Wirtschaft und das Wohlergehen des Menschen insgesamt an und versuchen, einen Beitrag zu ihrer nachhaltigen Nutzung zu leisten.

*Wikipedia/Zoltan Sasvari*

Auch jeder einzelne kann zum Schutz der biologischen Vielfalt beitragen, indem man beispielsweise darauf achtet, nicht zu den Treibern ihres Verlustes beizutragen. Das bedeutet im Kern eine Lebensweise, die auf eine Schonung der natürlichen Ressourcen zielt. Die Ansatzpunkte hierzu sind sehr verschieden und vielfältig – von Fragen der Ernährung bis hin zu Fragen der Mobilität oder des Konsums unterschiedlicher Güter und Dienstleistungen. Die Entscheidungen sind persönlich, ein Patentrezept für das Individuum gibt es nicht, alle können jedoch etwas beitragen. Gleichzeitig gilt, dass die vielfältigen gesellschaftlichen Prozesse ineinandergreifen müssen – es bedarf politischer Strategien und Maßnahmen, es bedarf konkreter Akteure zur Umsetzung und es bedarf der einzelnen Menschen, die mit ihren Alltags- und Kaufentscheidungen die gesellschaftlichen Entwicklungen mitbestimmen. Die Ansatzpunkte sind zahlreich, wie die derzeitigen wissenschaftlichen Erkenntnisse jedoch zeigen, reichen die bislang unternommenen Anstrengungen bei weitem noch nicht aus, den Verlust der biologischen Vielfalt zu stoppen.

# Welche(n) Wert(e) hat Biodiversität?

Die Frage, welchen Wert Biodiversität hat, kann auf sehr unterschiedliche Weise beantwortet werden. Eine offensichtliche Antwort ist, dass sie von unschätzbarem Wert ist, da es sich um die natürlichen Lebensgrundlagen des Menschen handelt. Mithin ist fraglich, ob es überhaupt möglich ist, sie rein ökonomisch zu fassen und ihr einen finanziellen Wert zuzuschreiben.

In der politischen und gesellschaftlichen Diskussion kann es jedoch durchaus hilfreich sein, biologische Vielfalt auch ökonomisch zu betrachten, d. h. zu schätzen, welche Kosten durch welche Schäden entstehen und welcher Investitionen es bedarf, um Biodiversität zu schützen und ihren Verlust nicht noch weiter voranzutreiben. Auch hier wurden wissenschaftliche Untersuchungen vorgenommen, welche die Kosten des Verlustes und der Nutzen der Investitionen geschätzt und in Zahlen gegossen haben. So unterschiedlich die verschiedenen Untersuchungen in ihrer Tiefe sind, ist ihnen gemeinsam, dass sie allesamt zu dem Schluss kommen, dass der Schutz der biologischen Vielfalt langfristig deutlich günstiger ist als die Kosten, die durch ihren Verlust entstehen.

Die Frage nach dem Wert der biologischen Vielfalt ist jedoch nicht nur eine Frage von Kosten und Nutzen, sondern auch eine moralische Frage. So würden die meisten Personen, die sich aktiv für Naturschutz und damit auch den Schutz der biologischen Vielfalt engagieren, nicht antworten, dass sie dies tun, weil die monetären Kosten des Verlustes der biologischen Vielfalt so hoch sind. Sie würden antworten, dass sie dies tun, weil die Natur, weil Arten, Lebewesen und intakte Ökosysteme einen Wert an sich haben und Menschen eine moralische Verpflichtung, Natur und biologische Vielfalt um ihrer selbst willen zu schützen. Dass diese Frage durchaus einen praktischen

Bezug hat und von Relevanz auch für unser Leben im Alltag ist, zeigt sich an der Intuition vieler Menschen, bestimmte Arten der Naturzerstörung als »sinnlos« zu empfinden oder auch an der Beziehung, die Menschen zu Tieren aufbauen können sowie an den positiven Emotionen, die mit bestimmten Naturerlebnissen verbunden sind. Die Frage, was es bedeutet, dass Lebewesen, Arten und sogar Ökosysteme einen Wert an sich haben, wird in der Philosophie schon sehr lange und intensiv diskutiert. Es gibt einen ganzen Teilbereich der Philosophie, die Naturethik, der sich mit der Frage beschäftigt, ob und welche Gegenstände der Natur einen Wert an sich haben und ob sich daraus für den Menschen eine moralische Verpflichtung gegenüber diesen Gegenständen ergibt. Im Kern steht die Frage, ob Menschen gegenüber einzelnen Lebewesen, gegenüber Arten oder gegenüber Ökosystemen moralische Verpflichtungen haben und was das genau bedeutet. Diese Frage kann natürlich sehr unterschiedlich beantwortet werden. Sehr grob kann zwischen den naturethischen Strömungen Anthropozentrismus, Biozentrismus und Holismus unterschieden werden.

In anthropozentrischen Positionen steht der Mensch im Vordergrund, d. h. hier geht es darum, welche Rolle Natur und biologische Vielfalt für den Menschen spielen. Diese Sichtweise liegt den oben erläuterten Konzepten der Ökosystemleistungen und der planetaren Grenzen zugrunde. Bei Ökosystemleistungen geht es darum, welche »Leistungen« die Natur für den Menschen erbringt bzw. auf welche »Leistungen« der Natur der Mensch angewiesen ist. Beim Konzept der planetaren Grenzen geht es um den sicheren Handlungsraum für die Lebensbedingungen des Menschen. Eine moralische Verpflichtung besteht zunächst gegenüber Menschen, nicht gegenüber der Natur. An diese grundsätzlichen Überlegungen schließen sich eine Reihe von Fragestellungen an, bspw. ob moralische Verpflichtungen nur bereits heute lebenden Menschen gegenüber bestehen oder auch gegenüber zukünftigen Generationen und wenn ja, wie weit in die Zukunft gerichtet diese moralischen Verpflichtungen reichen und was das für die Praxis bedeutet.

In biozentrischen Positionen besteht eine moralische Verpflichtung des Menschen gegenüber allen Lebewesen. Es gibt unterschiedliche Varianten biozentrischer Naturethiken, die sich darin unterscheiden, dass jedes Lebewesen jeder Art den gleichen Wert an sich hat oder aber hier Abstufungen vornehmen und zum Beispiel Säugetieren einen höheren Wert an sich zuerkennen als Pflanzen. Unabhängig von diesen Unterscheidungen ist die grundlegende Auffassung jedoch, dass alle Lebewesen einen Wert an sich haben, unabhängig davon, ob und welche »Leistungen« sie für den Menschen erbringen.

Der Holismus geht noch einen Schritt weiter, hier wird davon ausgegangen, dass Natur als solche einen Wert an sich hat bzw., dass auch Ökosysteme, inklusive aller unbelebten Bestandteile einen Wert an sich haben. Eine moralische Verpflichtung besteht hier der Natur als ganzer bzw. Ökosystemen und allen Naturgegenständen gegenüber.

Aus jeder dieser naturethischen Grundpositionen ergeben sich eine ganze Reihe von Folgefragen, einerseits hinsichtlich der theoretischen philosophischen Begründung, andererseits auch hinsichtlich der praktischen Umsetzung. Die Frage des Wertes der Biodiversität geht also weit über die Frage ihres monetären Wertes und ihrer »Leistungen« für den Menschen hinaus.

# Literatur

Dasgupta, P. (2021): The Economics of Biodiversity: The Dasgupta Review. Abridged Version. London.

IPBES (2019): Summary for policymakers of the global assessment report on biodiversity and ecosystem services of the Intergovernmental Science-Policy Platform on Biodiversity and Ecosystem Services. S. Díaz et al. IPBES secretariat, Bonn, Germany.

Millenium Ecosystem Assessment (2005): Ecosystems and Human Wellbeing: Synthesis. Island Press, Washington, DC.

Naturkapital Deutschland – TEEB DE (2012): Der Wert der Natur für Wirtschaft und Gesellschaft – Eine Einführung. München, ifuplan; Leipzig, Helmholtz-Zentrum für Umweltforschung – UFZ; Bonn, Bundesamt für Naturschutz.

Reuter, K. (2014): Ökologische Tugenden und gutes Leben. Der Schutz der Biodiversität im Zeitalter der ökologischen Krise und nachhaltiger Entwicklung. oekom. München.

Richardson et al. (2023): Earth beyond six of nine planetary boundaries. Science Advances.

Steffen, W.; Richardson, K.; Rockström, J. (2015): Planetary Boundaries. Guiding human development on a changing planet. In: Science 347, 1259855.

Takacs, D. (2001): Historical Awareness of Biodiversity. Encyclopedia of Biodiversity, Volume 3.

Wilson, E. O. (1992): Ende der biologischen Vielfalt? Der Verlust an Arten, Genen und Lebensräumen und die Chance für eine Umkehr. Spektrum. Heidelberg, Berlin, New York.

WWF (2022): Living Planet Report 2022 – Building a naturepositive society. Almond, R. E. A., Grooten, M., Juffe Bignoli, D. & Petersen, T. (Eds). WWF, Gland, Switzerland.